it's MAI SMOOTHIE

it's MAI SMOOTHIE
每天一杯思慕雪

〔日〕北村真衣 著　　小司 译

南海出版公司

第 70 页　花朵苹果草莓思慕雪

新经典文化股份有限公司
www.readinglife.com
出　品

序　言

因为职业的关系，我的生活一直不太规律，三餐不定。
自己也明白，长此下去是不行的，于是我开始每天
喝一杯思慕雪，摄取蔬果中的营养。

最初，我做的思慕雪都是绿色的，饮用了一段时间
后感觉每天都是一样的颜色和味道，单调又乏味。

之后，我开始把思慕雪当作一道料理，不仅要美味，
外观也要吸引人。

现在，思慕雪不但为我的生活带来了丰富的色彩，
同时也充实了我的时间。

我想借此书与大家分享自己的感触。
每天奔波、劳累、忙碌，让人厌倦，不妨用自己的
方式充实度过每一天，遵循自身的生活节奏，不用
太过勉强。

如果这本书能带给你一些生活启示，那就是本书的
荣幸了。

北村真衣（mai kitamura）

it's MAI SMOOTHIE!

MAI SMOOTHIE 与其他思慕雪相比，有着与众不同的魅力，
它究竟是什么样的呢？

LOVELY!

五彩缤纷的层次搭配、大理石般的花纹、各种漂亮的装饰。欣赏这样的思慕雪让人感觉幸福而美好。每天用相机在同一个位置拍下当天的思慕雪，作为生活的记录，心情兴奋而愉悦。

第 63 页　无花果树莓思慕雪

EASY!

MAI SMOOTHIE 就是将各种冷冻食材放入料理机中搅打均匀，非常简单。装饰也很容易学，让人每天都想做一杯。

第 72 页　菠萝迷你猕猴桃思慕雪

TASTY!

有的清新爽口，有的温和甘甜、形若牛奶，还有的风味浓郁、类似甜品……利用应季食材可以做出各种风味的思慕雪，一定有你喜欢的味道。

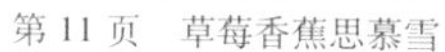

第 11 页　草莓香蕉思慕雪

第 40 页　雪梨酸橘果冻思慕雪

第 71 页　洋梨 & 树莓 & 薄荷思慕雪

HEALTHY!

选用各种颜色的蔬菜和水果，可以轻松摄取丰富的营养。添加当下流行的健康食材，有益健康。

第 61 页　火龙果菠萝思慕雪

CONTENTS

SPRING

注意

- 如果没有冷冻的食材，可以换用新鲜的，这时要将水换成冰来增加成品的浓稠度。装饰用的食材选用冷冻的或新鲜的都可以。
- 我用的是无糖酸奶和调整型豆浆，大家可以根据自己的口味选择。

SUMMER

37 水果&胡萝卜思慕雪

38 菠萝苹果紫苏风味思慕雪

39 西瓜青柠檬思慕雪

40 雪梨酸橘思慕雪

41 橙子&草莓&石榴思慕雪

42 西瓜草莓思慕雪

43 芒果百香果思慕雪

44 菠萝椰子青柠檬思慕雪

45 草莓&菠萝&马基莓思慕雪

46 芒果草莓麦片思慕雪

47 密瓜柠檬思慕雪

48 橙子青柠檬加味水

49 树莓草莓果冻思慕雪

50 菠萝姜汁思慕雪

51 番茄&草莓&菠萝思慕雪

52 橙子&桃&芦荟思慕雪

53 莓果芒果思慕雪

54 西瓜密瓜水果冰串

55 胡萝卜&草莓&菠萝思慕雪

56 苹果猕猴桃绿色思慕雪

57 红色火龙果苹果思慕雪

58 桃&莓果&青柠檬思慕雪

59 桃&菠萝&青柠檬思慕雪

60 草莓菠萝百香果思慕雪

61 火龙果菠萝思慕雪

- 照片只是成品效果示例，不一定表示所有的食材和用量。
- 思慕雪要有一定的浓稠度。
  料理机出现空转时要先暂停，打开盖子搅拌一下再重新启动。

AUTUMN

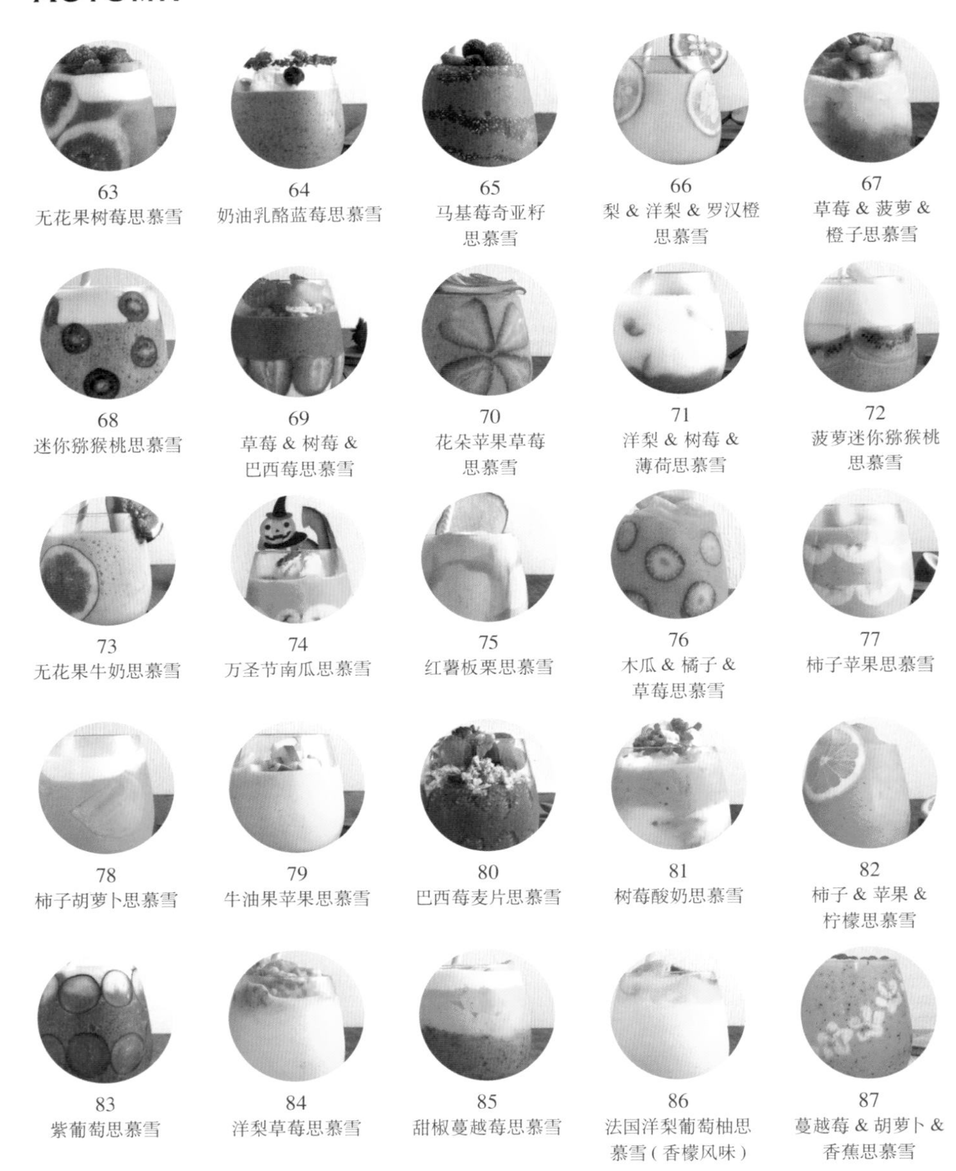

关于本书

- 1 小勺 =5 毫升，1 大勺 =15 毫升。
- 水果和蔬菜如果没有特别标示要如何处理，请根据自己的习惯清洗、去皮。
- 料理机和微波炉等家电请参考各自的使用说明操作。
- 如果需要加冰块，请选用可以打碎冰块的料理机。
- 料理机的品牌、型号不同，制作时间也有差别。请根据说明书操作，将思慕雪搅拌至柔滑状态即可。

WINTER

SPRING

春天是彩色的季节，
新的期盼在心中升起。
在这样的季节，
不妨用水果的甜美味道、柔和的口感、
丰富的色彩来舒缓心情。
我会很自然地做一些色彩柔和的思慕雪。

草莓香蕉思慕雪

INGREDIENTS

草莓（冷冻）…50克
香蕉（冷冻）…30克
牛奶…100毫升
冰块…100克
炼乳…1大勺

■ 装饰

打发的鲜奶油、草莓…适量

HOW TO

把装饰用的草莓切成薄片，贴着玻璃杯内壁摆成花朵状。将制作思慕雪的食材放入料理机搅打均匀，倒入玻璃杯中，挤适量鲜奶油做装饰。

在淡粉色的思慕雪中，用草莓拼合出的花朵给人一种春天的感觉。加入炼乳口感更加柔和香甜。

菠萝树莓思慕雪

INGREDIENTS

■ 上层
菠萝（冷冻）…50克
香蕉（冷冻）…30克
冰块…50克　酸奶…30克

■ 中层
酸奶…适量

■ 下层
树莓…30克
香蕉（冷冻）…30克
菠萝（冷冻）…30克　冰块…30克

■ 装饰
菠萝、薄荷叶…适量

HOW TO

将制作上下两层思慕雪的食材分别放入料理机搅打均匀，按照下层、中层、上层的顺序慢慢倒入玻璃杯中，最后装饰上菠萝和薄荷叶。

酸甜可口，加入香蕉提升了满足感。

草莓 & 苹果 & 胡萝卜思慕雪

INGREDIENTS

草莓…70克
苹果（冷冻）…100克
胡萝卜…30克
水…100毫升
蜂蜜…适量

■ 装饰
草莓…适量

HOW TO

把装饰用的草莓切成薄片，再切成心形，贴在玻璃杯内壁上。将制作思慕雪的食材放入料理机搅打均匀，慢慢注入玻璃杯中。

在甘甜的草莓苹果思慕雪中加入了胡萝卜，几乎感觉不到胡萝卜的特殊味道，非常适合小朋友饮用。

番茄莓果思慕雪

INGREDIENTS

■ 粉色层

番茄…50克
苹果(冷冻)…50克
草莓(冷冻)…30克
树莓(冷冻)…30克
水…50毫升
冰块…100克
蜂蜜…适量

■ 白色层

酸奶…适量

■ 装饰

树莓…适量

HOW TO

将制作粉色层思慕雪的食材放入料理机搅打均匀。依次将白色层和粉色层倒入玻璃杯中，轻轻搅拌，形成大理石状的纹理，表面装饰上树莓。

没有明显的番茄味，不太喜欢番茄味道的朋友不妨一试。加入酸奶，酸甜清爽。

草莓树莓圣代思慕雪

INGREDIENTS

草莓(冷冻)…30克
树莓(冷冻)…30克
香蕉(冷冻)…70克
蜂蜜…适量
冰块…50克
牛奶…50毫升

■ **装饰**

树莓、草莓、薄荷叶、酸奶、格兰诺拉麦片…适量

HOW TO

将制作思慕雪的食材放入料理机搅打均匀，慢慢注入玻璃杯中。把装饰用的树莓对半切开，在玻璃杯内壁上贴成波浪状，最后加入其他的装饰。

一道可以作为甜品的思慕雪，造型很可爱。装饰用的食材可以根据自己的喜好选择，表面再淋上些糖浆也不错。

蓝莓 & 香蕉 & 石榴思慕雪

INGREDIENTS

■ 上层

蓝莓(冷冻)…50克
香蕉…100克
椰奶…50毫升
牛奶…50毫升
酸奶…2大勺
冰块…50克
新鲜酸橘汁…少许

■ 下层

酸奶、石榴…适量

■ 装饰

石榴…适量

HOW TO

将制作上层思慕雪的食材放入料理机搅打均匀。把石榴、酸奶依次放入玻璃杯中，倒入思慕雪，表面再装饰一些石榴。

加入了椰奶，口感柔和清甜。

胡萝卜风味树莓菠萝思慕雪

INGREDIENTS

胡萝卜…20克
树莓(冷冻)…30克
菠萝(冷冻)…50克
香蕉…50克
酸奶…50克
冰块…50克
水…50毫升
蜂蜜…适量

■ **装饰**

红醋栗、香蕉…适量

HOW TO

1. 把装饰用的香蕉切成圆片，摆成环形，用心形模具在中间切出一个心形。将香蕉片贴在玻璃杯内壁上。
2. 将制作思慕雪的食材放入料理机搅打均匀，再慢慢注入玻璃杯中，表面装饰上红醋栗即可。

可爱的造型让原本普通的思慕雪变得与众不同。剩下的边角料可以与其他原料一起搅打。装饰几颗树莓也很漂亮。

粉色莓果思慕雪

INGREDIENTS

■ 上层

草莓(冷冻)…20克

豆浆…70毫升

■ 中层

酸奶…100克

■ 下层

树莓…30克

香蕉…70克

蜂蜜…适量

冰块…30克

■ 装饰

蜂蜜、干制莓果粒…适量

HOW TO

在玻璃杯杯口抹一圈蜂蜜，撒上干制莓果粒。将制作上下两层思慕雪的食材分别放入料理机搅打均匀，逐层注入玻璃杯中。

杯口装饰了烘焙用的干制莓果粒。饮用前搅拌一下，混合均匀后更美味。

猕猴桃牛奶思慕雪

INGREDIENTS

猕猴桃…100克
牛奶…100毫升
酸奶…2大勺
冰块…50克
蜂蜜…适量

■ 装饰

柠檬、猕猴桃…适量

HOW TO

把装饰用的猕猴桃纵向切成薄片，贴在玻璃杯内壁上。将制作思慕雪的食材放入料理机搅打均匀，慢慢注入玻璃杯中。杯口装饰上柠檬片。

水果与牛奶的组合，颜色和味道都非常柔和。让人觉得身心放松。

芒果 & 彩椒 & 百香果思慕雪

INGREDIENTS

■ **橙色层**

芒果(冷冻)…70克

彩椒(冷冻)…20克

酸奶…40克

冰块…100克

■ **粉色层**

草莓(冷冻)…30克

酸奶…30克

冰块…30克

石榴汁…20毫升

■ **装饰**

芒果、百香果…适量

HOW TO

1. 将制作橙色层和粉色层思慕雪的食材分别放入料理机搅打均匀，按照粉色层、橙色层的顺序逐层注入玻璃杯中，轻轻搅拌，勾勒出大理石状的纹理。
2. 表面装饰上芒果和百香果。

蝴蝶结思慕雪

INGREDIENTS

胡萝卜…30克
苹果(冷冻)…50克
香蕉…50克
牛奶…50毫升
酸奶…50克　冰块…70克
新鲜酸橘汁…少许

■ **装饰**

胡萝卜苹果泥…约1杯
新鲜酸橘汁…少许

HOW TO

将制作思慕雪的食材放入料理机搅打均匀，注入玻璃杯中。把装饰用的胡萝卜苹果泥轻轻挤干，捏成蝴蝶结，装饰在表面。

如果觉得思慕雪变软、变稀了，请放入冰箱冷冻一会儿，调整浓稠度。要做出好看的“蝴蝶结”，关键是控制好其中的水分含量。

草莓 & 黑莓 & 椰奶思慕雪

INGREDIENTS

■ 上层
酸奶…适量

■ 下层
草莓(冷冻)…70克
冰块…50克
香蕉…100克
椰奶…50毫升

■ 装饰
黑莓、椰子片…适量

HOW TO

将制作下层思慕雪的食材放入料理机搅打均匀，慢慢注入玻璃杯中。加入酸奶，撒上黑莓和椰子片做装饰。

粉色的思慕雪点缀上黑莓，营造出了独特的视觉感受。换用其他食材做装饰、变换一下颜色搭配也很有趣。

猕猴桃菠萝思慕雪

INGREDIENTS

■ **上层**

菠萝（冷冻）…50克

酸奶…50克　冰块…50克

■ **下层**

猕猴桃…50克

香蕉（冷冻）…50克

冰块…50克

■ **装饰**

香蕉、猕猴桃…适量

HOW TO

把装饰用的香蕉切成薄片，贴在玻璃杯内壁上。将制作上下两层思慕雪的食材分别放入料理机搅打均匀，逐层注入玻璃杯中。最后装饰上切片的猕猴桃。

颜色柔和，酸中带甜，一道酸奶味的思慕雪。

芒果香蕉思慕雪

INGREDIENTS

芒果（冷冻）…60克
香蕉…50克
冰块…100克
豆浆…50毫升

■ 装饰
香蕉、芒果、椰子片…适量

HOW TO

把装饰用的香蕉切成薄片，贴在玻璃杯内壁上。将制作思慕雪的食材放入料理机搅打均匀，注入玻璃杯中，最后用芒果和椰子片装饰一下。

原料少一点没关系，在装饰上多下点功夫也可以做出很有满足感的思慕雪！如果没有椰子片，可以用椰蓉代替。

草莓芒果思慕雪

INGREDIENTS

草莓(冷冻)…100克
香蕉(冷冻)…50克
芒果(冷冻)…30克
水…100毫升
冰块…50克

■ 装饰

草莓、芒果…适量

HOW TO

把装饰用的草莓切成薄片，贴在玻璃杯内壁上。将制作思慕雪的食材放入料理机搅打均匀，再慢慢注入玻璃杯中，最后加上芒果做装饰。

淡粉色的思慕雪。芒果和草莓可以为身体补充维生素和类胡萝卜素。

红火龙果草莓思慕雪

INGREDIENTS

■ 上层

香蕉（冷冻）…50克
草莓（冷冻）…50克
豆浆…50毫升

■ 下层

红色火龙果（冷冻）…20克
牛油果（冷冻）…30克
苹果…50克
豆浆…50毫升
蜂蜜…适量

■ 装饰

椰子片、草莓…适量

HOW TO

把装饰用的草莓切成薄片，贴在玻璃杯内壁上。将制作各层思慕雪的食材分别放入料理机搅打均匀，按顺序逐层注入玻璃杯中，最后点缀上椰子片。

斜面造型（第 114 页）有一定难度，不过它会为你的思慕雪增色不少。

莓果酸奶坚果思慕雪

INGREDIENTS

各种莓果(冷冻)…150克
酸奶…150克

■ 装饰

格兰诺拉麦片、腰果酱、
树莓…适量

HOW TO

将制作思慕雪的食材放入料理机搅打均匀，注入玻璃杯中，再装饰一下。

※腰果酱的做法
把50克腰果放入50毫升水中浸泡一晚，用料理机打碎。加入适量龙舌兰糖浆。

酸奶、莓果搭配腰果酱，口感丰富，回味无穷。腰果酱也可以用炼乳代替。
口感浓厚，与其说喝思慕雪，更像是在“吃”思慕雪。

草莓酸奶思慕雪

INGREDIENTS

■ **粉色层**

草莓(冷冻)…50克
香蕉(冷冻)…100克
豆浆…50毫升
冰块…50克
枫糖浆…适量

■ **白色层**

酸奶、枫糖浆…适量

■ **装饰**

可可粉、干制莓果粒…适量

HOW TO

1. 把制作粉色层思慕雪的原料放入料理机搅打均匀。
2. 混合酸奶和枫糖浆，倒入玻璃杯中，约占玻璃杯容积的1/3即可，接着倒入粉色层思慕雪。在白色层和粉色层的交界处用汤勺勾勒成波浪状。表面加入少许白色层思慕雪和装饰食材。

用酸奶做的思慕雪口感清爽。用其他水果代替草莓，可以做出更多种颜色。

猕猴桃百香果思慕雪

INGREDIENTS

■ **绿色层**

猕猴桃…50克

香蕉…100克

豆浆…50毫升

冰块…50克

■ **白色层**

酸奶、蜂蜜…适量

■ **装饰**

猕猴桃、香蕉、百香果…适量

HOW TO

1. 把装饰用的猕猴桃切成薄片，贴在玻璃杯内壁上。
2. 将制作绿色层思慕雪的食材放入料理机搅打均匀。充分混合白色层的食材。按照白色→绿色→白色的顺序依次注入玻璃杯中，表面装饰上香蕉和百香果。

百香果口感独特，为这道思慕雪增添了亮点。

树莓黑莓思慕雪

INGREDIENTS

■ 上层
树莓(冷冻)…20克
豆浆…70毫升

■ 中层
树莓(冷冻)…30克
香蕉…30克　冰块…40克

■ 下层
黑莓(冷冻)…30克
香蕉…30克
冰块…40克
蜂蜜…适量

HOW TO

将制作各层思慕雪的食材分别用料理机搅打均匀，按照由下至上的顺序逐层注入玻璃杯中。

甜度由下至上不断递减，可以用吸管在上、中、下3层之间游走，感受味道的变化，非常有趣。

草莓菠萝渐变思慕雪

INGREDIENTS

■ 上层

菠萝(冷冻)…100克

冰块…100克

酸奶…30克

■ 下层

草莓…50克

枫糖浆或蜂蜜…1大勺

■ 装饰

草莓…适量

HOW TO

把装饰用的草莓切成薄片，贴在玻璃杯内壁上。将制作各层思慕雪的食材分别放入料理机搅打均匀，按照由下至上的顺序逐层倒入玻璃杯中。用吸管轻轻画圈搅动，上下层的界线会逐渐变模糊。

由黄至红，颜色的渐变令人赏心悦目。用料理机制作下层思慕雪时，如果出现机器空转的情况，请适当加些水。

黑芝麻黄豆粉绿色思慕雪

INGREDIENTS

香蕉…150克
菠菜…40克
豆浆…100毫升
冰块…100克

■ **装饰**
黑芝麻、黄豆粉…各2小勺

HOW TO

将制作思慕雪的食材放入料理机搅打均匀，然后注入玻璃杯中，表面加入装饰食材。

最后撒一些黑芝麻和黄豆粉可以掩盖菠菜本身的青涩味。这是一道健康的日式风味思慕雪。

草莓猕猴桃牛奶思慕雪

INGREDIENTS

草莓(冷冻)…100克
猕猴桃…50克
牛奶…100毫升
蜂蜜…适量

■ 装饰

草莓、酸奶…适量

HOW TO

把装饰用的草莓切成薄片，贴在玻璃杯内壁上(留几片装饰表面)。将制作思慕雪的食材放入料理机搅打均匀，注入玻璃杯中。最后加入酸奶，点缀上草莓。

草莓与猕猴桃搭配，相得益彰，味道非常好。选用金黄色的猕猴桃，成品的颜色会更漂亮。

草莓 & 梨 & 猕猴桃思慕雪

INGREDIENTS

草莓（冷冻）…50克
梨（冷冻）…100克
猕猴桃…30克
酸奶…2大勺
水…150毫升
蜂蜜…适量

■ 装饰

草莓、猕猴桃…适量

HOW TO

把装饰用的草莓和猕猴桃切成薄片，贴在玻璃杯内壁上。将制作思慕雪的食材放入料理机搅打均匀，注入玻璃杯中。

草莓和猕猴桃的酸味与梨的清爽甘甜相互衬托。还可以尝试用苹果来代替梨。

健康的巧克力香蕉莓果思慕雪

INGREDIENTS

■ 上层

树莓、草莓(冷冻)…各30克

豆浆…50毫升

■ 下层

磨碎的可可豆…2小勺

香蕉…100克

豆浆…30毫升　冰块…30克

■ 装饰

香蕉、树莓…适量

HOW TO

把装饰用的香蕉切成薄片，贴在玻璃杯内壁上。将制作各层思慕雪的食材分别放入料理机搅打均匀，按照由下至上的顺序逐层注入玻璃杯中，最后点缀上树莓即可。

下层的甜味与上层的酸味交融、中和，更适合成年人的口味。可可豆（cacao nibs）是制作巧克力的原料，含有丰富的多酚类物质，被称为“超级食材”。

SUMMER

夏天的蔬菜和水果，
仿佛都带有阳光的味道。
西瓜、芒果、青柠檬和菠萝，
加入冰块做成思慕雪，透心凉爽。
灵活运用各种食材，轻轻松松做一杯思慕雪，
可以浸透燥热的身心。
那一瞬间的幸福感简直无与伦比。

水果&胡萝卜思慕雪

INGREDIENTS

■ 上层
胡萝卜…50克
西梅…50克
冰块…50克

■ 下层
桃…50克
菠萝(冷冻)…50克
冰块…50克

■ 装饰
菠萝…适量

HOW TO

将制作各层思慕雪的食材分别放入料理机搅打均匀，按照由下至上的顺序逐层注入玻璃杯中，表面点缀上切好的菠萝。

充满活力的色彩让人感觉元气满满。胡萝卜中含有丰富的类胡萝卜素，有助于缓解疲劳。

菠萝苹果紫苏风味思慕雪

INGREDIENTS

菠萝(冷冻)…100克
苹果(冷冻)…50克
紫苏叶…3片
水…150毫升

■ **装饰**

菠萝、紫苏叶…适量

HOW TO

将制作思慕雪的食材放入料理机搅打均匀，倒入玻璃杯中，表面装饰上菠萝和紫苏叶。

清爽的香气让人觉得放松，身心无比舒畅。菠萝、苹果与紫苏叶搭配相得益彰。紫苏叶与柑橘类水果搭配也非常和谐。

西瓜青柠檬思慕雪

INGREDIENTS

西瓜…250克
青柠檬…1/6个
冰块…50克
蜂蜜…适量

■ 装饰
青柠檬…适量

HOW TO

将制作思慕雪的食材放入料理机搅打均匀，倒入玻璃杯中，再装饰一片青柠檬。

口感像果汁一样清爽。最好预先把西瓜冷冻一下。一眨眼的工夫，满满一杯就喝完了。

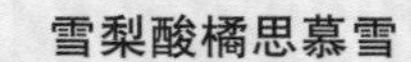

雪梨酸橘思慕雪

INGREDIENTS

梨…200克
酸奶…30克
蜂蜜…1大勺
酸橘(榨汁)…1/2个

■ 装饰

酸橘、梨…适量

HOW TO

将制作思慕雪的食材放入料理机搅打均匀，倒入保鲜袋中，放入冰箱冷冻。1小时后取出看一下，还没冷冻到位的话再放回冰箱冷冻1小时。果泥变成雪葩状后放入杯中，装饰上切好的酸橘和梨。

一道意大利手工冰激凌风味的思慕雪，适合餐后休闲时品尝。酸橘也可以用柠檬或青柠檬代替。

橙子 & 草莓 & 石榴思慕雪

INGREDIENTS

■ 上层
酸奶…适量

■ 下层
橙子…100克
草莓(冷冻)…50克
酸奶…50克
冰块…50克

■ 装饰
橙子、石榴…适量

HOW TO

把装饰用的橙子切成薄片，贴在玻璃杯内壁上。将制作下层思慕雪的食材放入料理机搅打均匀，注入玻璃杯中。加入酸奶，表面装饰上剥好的石榴即可。

这是一道健康低糖的思慕雪。石榴带来了饱足感，让人出乎意料。喜欢甜味的话，可以适当加一些蜂蜜或龙舌兰糖浆调味。

西瓜草莓思慕雪

INGREDIENTS

■ 上层

西瓜…150克
草莓…50克
冰块…50克

■ 下层

酸奶…适量

■ 装饰

西瓜、草莓…适量

HOW TO

1. 把装饰用的草莓切成薄片，贴在玻璃杯内壁上。将制作上层思慕雪的原料放入料理机搅打均匀。
2. 按照从下至上的顺序将思慕雪逐层注入玻璃杯中，点缀一片西瓜。

一道低糖思慕雪，西瓜的清甜中融入了酸奶的微酸。可以根据个人口味加一些蜂蜜。

芒果百香果思慕雪

INGREDIENTS

芒果（冷冻）…100克
香蕉…50克
豆浆…50毫升
冰块…50克
百香果…1/2个
枸杞子…1小勺

■ 装饰
芒果、百香果…适量

HOW TO

除百香果外将其他制作思慕雪的食材放入料理机搅打均匀，然后加入百香果简单搅拌一下，注入玻璃杯中。表面再装饰一些芒果和百香果。

百香果独特的口感让这道思慕雪带有一种南国气息。为了最大限度地保留百香果的口感，可以先用料理机将其他食材搅打均匀，然后再加入百香果。

菠萝椰子青柠檬思慕雪

INGREDIENTS

菠萝(冷冻)…100克
椰子汁…150毫升
青柠檬…10克

■ 装饰
青柠檬、椰子片、菠萝
…适量

HOW TO

把装饰用的青柠檬切成薄片，贴在玻璃杯内壁上。将制作思慕雪的食材放入料理机搅打均匀，注入玻璃杯中，表面装饰上菠萝和椰子片即可。

青柠檬的清香让人神清气爽。菠萝可以用橙子或其他水果代替。

草莓 & 菠萝 & 马基莓思慕雪

INGREDIENTS

■ 粉色层

草莓（冷冻）…50克

香蕉…30克

豆浆…50毫升

■ 紫色层

酸奶、马基莓粉…适量

■ 黄色层

菠萝（冷冻）…50克

香蕉…50克

豆浆…30毫升

HOW TO

将制作紫色层思慕雪的食材混合均匀，再将粉色层和黄色层的食材分别放入料理机搅打均匀，然后按照黄色层、紫色层、粉色层的顺序逐层注入玻璃杯中。

可爱的色彩搭配是这道思慕雪的一大亮点。原产于智利的马基莓含有丰富的抗氧化物质，被称为“超级水果”。柔和的多层色彩引人注目。

芒果草莓麦片思慕雪

INGREDIENTS

■ 橙色层

芒果（冷冻）…30克
香蕉（冷冻）…30克

■ 粉色层

草莓（冷冻）…30克
香蕉（冷冻）…30克

■ 装饰

格兰诺拉麦片、酸奶、芒果、香蕉…适量

HOW TO

将制作各层思慕雪的食材分别放入料理机搅打均匀。把格兰诺拉麦片、酸奶和两种颜色的思慕雪交替倒入玻璃杯中，最后点缀适量切好的芒果和香蕉即可。

思慕雪变得好像水果泥。与普通的思慕雪不同，这是一道可以"吃"的思慕雪。

密瓜柠檬思慕雪

INGREDIENTS

密瓜…150克
柠檬…10克
椰子汁…50毫升
冰块…50克

■ 装饰
柠檬…适量

HOW TO

把装饰用的柠檬切成薄片，贴在玻璃杯内壁上。将制作思慕雪的食材放入料理机搅打均匀，注入玻璃杯中，再装饰一片柠檬。

没有椰子汁也没关系，喜欢甜味的朋友可以根据喜好用蜂蜜调味。把密瓜预先冷冻一下口感更妙。

橙子青柠檬加味水

INGREDIENTS

橙子…适量
青柠檬…适量
柠檬…适量
橙汁(100%)…100毫升
苏打水…200毫升

HOW TO

把橙子、青柠檬、柠檬切成圆片，放入玻璃杯中。将橙汁和苏打水以1:2的比例注入杯中，轻轻搅拌。根据个人喜好加入冰块，用切片的青柠檬和柠檬做点缀。

最适合炎炎夏日，一款爽口的加味水！苏打水和橙汁的用量可根据自己的口味调整。

树莓草莓果冻思慕雪

INGREDIENTS

■ 上层

树莓…30克　草莓…50克

冰块…100克　炼乳…适量

■ 下层

树莓、草莓…适量

明胶粉…5克　砂糖…30克

热水…200～300毫升

■ 装饰

树莓…适量

HOW TO

1. 先做下层果冻。把砂糖和明胶粉放入热水中，搅拌溶化后冷却至常温。在玻璃杯中放入树莓和草莓，倒入100毫升明胶溶液冷藏至凝固。

2. 将制作上层思慕雪的食材放入料理机打匀，注入杯中，再装饰上树莓。

可以选择喜欢的水果做果冻。菠萝和猕猴桃等含有蛋白分解酶，要先煮熟或用枫糖浆腌渍一下，否则果冻无法凝固。

菠萝姜汁思慕雪

INGREDIENTS

菠萝(冷冻)…100克
芒果(冷冻)…50克
香蕉…50克
生姜…5克
柠檬…15克
冰块…100克

■ **装饰**

香蕉、柠檬…适量

HOW TO

将装饰用的香蕉切成薄片，贴在玻璃杯内壁上。把制作思慕雪的食材放入料理机搅打均匀，注入玻璃杯中。在杯口装饰一片柠檬。

今天是清爽的好天气，来一杯透心凉的姜汁雪泥风味思慕雪吧！甜辣的味道就像姜汁汽水，非常适合成年人的口味。

番茄 & 草莓 & 菠萝思慕雪

INGREDIENTS

■ 红色层

樱桃番茄…50克

草莓（冷冻）…50克

■ 黄色层

菠萝（冷冻）…100克

香蕉…50克

冰块…50克

HOW TO

将制作各层思慕雪的食材分别放入料理机搅打均匀，再按黄色层、红色层的顺序倒入玻璃杯中。

富有夏天味道的思慕雪。加入草莓可以有效去除番茄的酸涩味道，尝起来更可口。

橙子 & 桃 & 芦荟思慕雪

INGREDIENTS

橙子…50克
桃…100克
冰块…100克

■ 装饰

橙子、芦荟(用糖浆腌渍的)
…适量

HOW TO

把装饰用的橙子切成薄片，取一片贴在玻璃杯内壁上。将制作思慕雪的食材放入料理机搅打均匀，注入玻璃杯中，加入装饰用的芦荟和橙子即可。

我用的是在超市购买的用糖浆腌渍的芦荟，口味较甜，搭配冰冰的思慕雪出乎意料的清爽可口。

莓果芒果思慕雪

INGREDIENTS

■ 黄色层

芒果（冷冻）…50克

酸奶…50克　冰块…50克

■ 紫色层

混合莓果（冷冻）…50克

香蕉…50克

冰块…50克

■ 装饰

混合莓果…适量

HOW TO

将制作各层思慕雪的食材分别放入料理机搅打均匀。倾斜玻璃杯，先慢慢倒入紫色层思慕雪，然后倒入黄色层。表面装饰上各种莓果即可。

食材很简单，但换一种注入方式也会让人眼前一亮。倾斜玻璃杯注入思慕雪这一点很重要，另外一个要点是提前将两种颜色的思慕雪用料理机搅打均匀，这样可以让成品更完美。

西瓜密瓜水果冰串

INGREDIENTS

西瓜…适量
密瓜…适量
水…150毫升
蜂蜜…适量
冰块…少许
柠檬片…1片

HOW TO

把柠檬片贴在玻璃杯内壁上做装饰。将蜂蜜与水搅拌均匀，注入杯中。把西瓜和密瓜切成小块，留2～3块串在竹签上做装饰，其余的和冰块一起放入玻璃杯中。

可以用苏打水代替水。在炎热的夏日，就想来一杯这样的饮料，让燥热的身体瞬间放松。我用了两种颜色的密瓜，色彩更绚丽。

胡萝卜 & 草莓 & 菠萝思慕雪

INGREDIENTS

■ 上层
菠萝(冷冻)…50克
冰块…30克
酸奶…1大勺

■ 中层
胡萝卜…30克
芒果(冷冻)…30克
冰块…30克
酸奶…1大勺

■ 下层
草莓(冷冻)…70克　酸奶…30克

HOW TO

把制作各层思慕雪的食材分别放入料理机搅打均匀，逐层注入玻璃杯中。

含有丰富的水果，几乎感觉不到胡萝卜的味道。加入冰块的思慕雪质地浓稠，层次分明，搅拌一下打破层次的界线，看上去更漂亮。

苹果猕猴桃绿色思慕雪

INGREDIENTS

苹果…150克
猕猴桃…30克
菠菜…20～40克
冰块…100克
新鲜青柠檬汁…少许

■ **装饰**

猕猴桃、青柠檬、苹果
…适量

HOW TO

把装饰用的猕猴桃切成薄片，贴在玻璃杯内壁上。将制作思慕雪的食材放入料理机搅打均匀，注入玻璃杯中。用切片的青柠檬和苹果做装饰。

运动结束后就想喝这样一杯清爽的思慕雪。加入冰块冰爽透心凉，在炎热的夏日让人备感舒爽。可根据自己的喜好调整菠菜用量。

红色火龙果苹果思慕雪

INGREDIENTS

红色火龙果（冷冻）…30克
苹果（冷冻）…70克
草莓（冷冻）…30克
香蕉（冷冻）…30克
水…150毫升

■ 装饰
草莓…适量

HOW TO

把装饰用的草莓切成薄片，贴在玻璃杯内壁上。将制作思慕雪的食材放入料理机搅打均匀，注入玻璃杯中，表面再装饰些草莓即可。

火龙果味道清淡，适合搭配各种口味的水果。鲜艳的颜色让人心情愉悦、元气满满。

桃 & 莓果 & 青柠檬思慕雪

INGREDIENTS

桃…150克
混合莓果(冷冻)…30克
冰块…100克

■ 装饰

青柠檬、椰子片、混合莓果
…适量

HOW TO

把装饰用的青柠檬切成薄片,贴在玻璃杯内壁上。将制作思慕雪的食材放入料理机搅打均匀,注入玻璃杯中,最后用椰子片和混合莓果装饰一下。

饮用时请用吸管轻轻挤压出青柠檬中的果汁,你会充分感受到青柠檬独特的清新。炎炎夏日喝一杯,让人顿时备感清爽。

桃＆菠萝＆青柠檬思慕雪

INGREDIENTS

桃…100克
菠萝(冷冻)…50克
青柠檬…1/6个
冰块…50克
水…50毫升
椰奶…30毫升

■ 装饰

青柠檬、椰子片、菠萝
…适量

HOW TO

把制作思慕雪的食材放入料理机搅打均匀，倒入玻璃杯中。表面装饰上椰子片和菠萝，杯口再加一块青柠檬即可。

口感甜美，近似一款名为“椰林飘香”(Pina Colada)的鸡尾酒。虽然不含酒精，但也可以体验到类似鸡尾酒带来的微醺感。

草莓菠萝百香果思慕雪

INGREDIENTS

■ 上层

草莓(冷冻)…50克
冰块…30克
椰子汁…50毫升

■ 下层

菠萝(冷冻)…50克
冰块…50克

■ 装饰

草莓、菠萝、百香果…适量

HOW TO

把装饰用的草莓切成薄片，贴在玻璃杯内壁上。将制作各层思慕雪的食材分别放入料理机搅打均匀，按照由下至上的顺序逐层倒入玻璃杯中。最后装饰上菠萝和百香果。

百香果入口有点酸，但同时又伴随着香甜味。浓浓的果香让人感受到浓郁的热带风情。

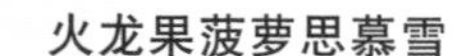

火龙果菠萝思慕雪

INGREDIENTS

■ 下层

红色火龙果(冷冻)…50克
香蕉(冷冻)…100克
菠萝(冷冻)…50克
水…50毫升

■ 装饰

格兰诺拉麦片、菠萝、酸奶…适量

HOW TO

将制作思慕雪的食材放入料理机搅打均匀，注入玻璃杯中。表面装饰上水果和格兰诺拉麦片，淋上酸奶即可。

红色火龙果和黄色的菠萝互相映衬，色彩尤其漂亮。这款思慕雪用到的水果含有大量多酚类物质，具有抗氧化的作用，非常健康。

AUTUMN

忽然开始想吃口味重一点的食物时，秋天就来了。
口感柔软的蔬菜和水果，
轻轻地告诉我们季节的变化。
让人不可思议的是，随着气温的下降，
思慕雪的味道变得更加浓郁了。
对于我而言，
秋季的思慕雪喝起来宛如微凉的习习清风温柔地裹着身体，
这是大自然馈赠的甜美。

无花果树莓思慕雪

INGREDIENTS

■ 上层

酸奶…适量

■ 下层

无花果…100克
树莓(冷冻)…30克
冰块…100克
蜂蜜…1大勺

■ 装饰

无花果、树莓…适量

HOW TO

把装饰用的无花果切成薄片，贴在玻璃杯内壁上。将制作下层思慕雪的食材放入料理机搅打均匀，注入玻璃杯中。倒入酸奶，最后装饰上适量树莓。

自己动手做思慕雪之后，我才开始吃无花果。很喜欢无花果带给人的那种放松的感觉。

奶油乳酪蓝莓思慕雪

INGREDIENTS

蓝莓(冷冻)…70克
香蕉…50克
奶油乳酪…略多于1大勺
酸奶…2大勺
豆浆…50毫升
冰块…30克

■ 装饰

打发的鲜奶油、蓝莓、干制莓果粒、蜂蜜…适量

HOW TO

在玻璃杯杯口抹上蜂蜜，粘上干制莓果粒。将制作思慕雪的食材放入料理机搅打均匀，注入玻璃杯中，表面装饰上鲜奶油和蓝莓。

口感就像是可以“喝”的蓝莓乳酪蛋糕，浓郁的乳酪给人一种饱足感。

马基莓奇亚籽思慕雪

INGREDIENTS

香蕉（冷冻）…70克
混合莓果…30克
苹果（冷冻）…50克
水…100毫升
酸奶…1大勺
马基莓粉…适量

■ 装饰

奇亚籽（用水浸泡约30分钟）、混合莓果…适量

HOW TO

将制作思慕雪的食材放入料理机搅打均匀，注入玻璃杯中1/3左右。贴近杯壁放入适量奇亚籽。重复2次这个步骤，最后在表面装饰上混合莓果。

奇亚籽含有丰富的膳食纤维，吸收水分后会有饱腹感，因此非常适合作为减肥期间的代餐。搭配马基莓粉，营养更丰富。

梨 & 洋梨 & 罗汉橙思慕雪

INGREDIENTS

水梨…70克
洋梨…70克
冰块…100克
香蕉…30克

■ 装饰

罗汉橙…适量

HOW TO

把装饰用的罗汉橙切成薄片，贴在玻璃杯内壁上（留一片装饰杯口）。将制作思慕雪的食材放入料理机搅打均匀，注入玻璃杯中，装饰一片带皮的罗汉橙。

散发着清新香气的洋梨，搭配水灵灵的甘甜梨子。罗汉橙的香味将两者完美融合，同时平添了一缕清爽的香气。

草莓 & 菠萝 & 橙子思慕雪

INGREDIENTS

■ 上层

菠萝（冷冻）…50克

橙子（冷冻）…50克

冰块…100克

酸奶…1大勺

■ 下层

草莓（冷冻）…50克

蜂蜜…适量　水…1大勺

■ 装饰

草莓…适量

HOW TO

将制作各层思慕雪的食材分别放入料理机搅打均匀，按照由下至上的顺序逐层注入玻璃杯中。用吸管轻轻搅拌一下就会呈现出大理石般的纹理。最后在表面装饰上切成小块的草莓。

下层思慕雪的量相对比较少，建议用手动搅拌器搅打。等冷冻的草莓稍微软化一些后更容易操作。

迷你猕猴桃思慕雪

INGREDIENTS

■ **上层**

酸奶…适量

■ **下层**

迷你猕猴桃(带皮)…100克
酸奶…50克
冰块…100克

■ **装饰**

迷你猕猴桃…适量

HOW TO

将装饰用的迷你猕猴桃切成薄片，贴在玻璃内壁上。把制作下层思慕雪的食材放入料理机搅打均匀，注入玻璃杯中。上层倒入酸奶。

这道思慕雪含糖少，如果喜欢甜口，请添加适量蜂蜜。迷你猕猴桃和普通猕猴桃相比，口味更甜一些，果皮也更柔软，可以带皮食用。

草莓 & 树莓 & 巴西莓思慕雪

INGREDIENTS

■ 上层

草莓(冷冻)…30克
树莓(冷冻)…30克
香蕉…100克
豆浆…50毫升
巴西莓粉…1大勺

■ 下层

酸奶…适量

■ 装饰

草莓、树莓、麦片…适量

HOW TO

1. 把装饰用的草莓切成薄片，贴在玻璃杯内壁上。杯中倒入酸奶。
2. 将制作上层思慕雪的食材放入料理机搅打均匀，注入玻璃杯中。表面加上装饰食材即可。

巴西莓是有名的健康食材，磨成粉适合搭配各种思慕雪，非常方便。

花朵苹果草莓思慕雪

INGREDIENTS

草莓(冷冻)…100克
苹果…70克
冰块…100克
酸奶…30克
蜂蜜…适量

■ 装饰

草莓、苹果(切成薄片后放入微波炉中加热至变软)、薄荷叶…适量

HOW TO

1. 把装饰用的草莓切成薄片,贴在玻璃杯内壁上。将制作思慕雪的食材放入料理机搅打均匀,注入玻璃杯中。
2. 把苹果片重叠、卷成花朵状装饰在表面,再加几片薄荷叶点缀一下。

草莓和苹果都摆成了花朵造型，一道让人赏心悦目的思慕雪。装饰用的苹果片加一些柠檬汁，放入微波炉中加热一下，可以使果皮颜色更加鲜艳。

洋梨 & 树莓 & 薄荷思慕雪

INGREDIENTS

■ 上层

洋梨…100克

酸奶…30克

冰块…100克

■ 下层

树莓(冷冻)…50克

蜂蜜…1大勺

■ 装饰

薄荷叶…适量

HOW TO

将制作各层思慕雪的食材放入料理机搅打均匀，先将下层思慕雪注入玻璃杯中，上层思慕雪放入薄荷叶搅拌一下，再慢慢倒入玻璃杯中。

甜味柔和的洋梨搭配薄荷叶，整体味道更为清爽。用吸管沿着杯沿轻轻搅拌，薄荷叶伴随着杯中的思慕雪上下起舞，不失为又一种乐趣。

菠萝迷你猕猴桃思慕雪

INGREDIENTS

■ 上层

菠萝(冷冻)…50克
酸奶…50克

■ 下层

迷你猕猴桃(冷冻)…50克
香蕉…50克　菠菜…20克
豆浆…50毫升
冰块…30克

■ 装饰

猕猴桃、菠萝…适量

HOW TO

把装饰用的猕猴桃切成薄片，贴在玻璃杯内壁上。将制作各层思慕雪的食材分别放入料理机中搅打均匀，按照由下至上的顺序逐层注入玻璃杯中，最后装饰适量菠萝即可。

如果没有迷你猕猴桃，可以用普通猕猴桃代替，还可以根据自己的口味适当加一些蜂蜜增加甜味。

无花果牛奶思慕雪

INGREDIENTS

无花果…150克
牛奶…100毫升
冰块…50克

■ 装饰
无花果…适量

HOW TO

把装饰用的无花果切成薄片，贴在玻璃杯内壁上。将制作思慕雪的食材放入料理机搅打均匀，注入玻璃杯中，留1/4个无花果装饰在杯沿上即可。

味道和外观都很简单的一道思慕雪，能够充分感受到食材本身的味道。可以试着用其他水果代替无花果，尝试不同的风味。

万圣节南瓜思慕雪

INGREDIENTS

■ **上层**

南瓜(冷冻)…100克
冰块…30克
牛奶…70毫升

■ **下层**

谷物脆片…适量

■ **装饰**

香蕉、香草冰激凌、南瓜、南瓜子、肉桂…适量

HOW TO

将谷物脆片碾碎，放入玻璃杯中。香蕉切片，贴在玻璃杯内壁上。将制作上层思慕雪的食材放入料理机搅打均匀，注入玻璃杯中，加上各种小装饰。

南瓜可冷冻保存，很方便。把南瓜切成小块，放入耐热容器中，盖上保鲜膜，用微波炉加热2～3分钟。可以用筷子轻松扎透就说明蒸熟了，冷冻2～3小时即可冻硬。

红薯板栗思慕雪

INGREDIENTS

红薯（煮熟或用微波炉加热至变软后晾凉）…50克
板栗…30克
冰块…70克
牛奶…100毫升
香草冰激凌…30克

■ 装饰

打发的鲜奶油、炸红薯片（切成薄片后用椰子油炸熟）、焦糖酱…适量

HOW TO

在玻璃杯内壁上抹少许焦糖酱。将制作思慕雪的食材放入料理机搅打均匀，注入玻璃杯中，再装饰上鲜奶油和炸红薯片即可。

浓缩了整个秋天的味道，像奶昔一样香甜。焦糖酱是一大亮点。

木瓜 & 橘子 & 草莓思慕雪

INGREDIENTS

木瓜(冷冻)…30克
橘子(冷冻)…50克
草莓(冷冻)…30克
香蕉(冷冻)…50克
冰块…50毫升
水…100毫升

■ **装饰**

木瓜、草莓…适量

HOW TO

把装饰用的草莓切成薄片，贴在玻璃杯内壁上。将制作思慕雪的食材放入料理机搅打均匀，注入玻璃杯中，装饰上切好的木瓜。

我尝试着把小个儿草莓切成圆片，贴在杯壁上，设计成了波点效果。木瓜和香蕉经过搅打融合，口感柔软润滑。

柿子苹果思慕雪

INGREDIENTS

柿子…100克
苹果…30克
香蕉…50克
豆浆…30毫升
冰块…50克

■ 装饰
香蕉、柿子…适量

HOW TO

把装饰用的香蕉切成薄片，贴在玻璃杯内壁上。将制作思慕雪的食材放入料理机搅打均匀，注入玻璃杯中，装饰上切成块的柿子即可。

柿子是秋天具体代表性的水果。柿子经过搅打口感浓稠润滑，特别适合用来做思慕雪。

柿子胡萝卜思慕雪

INGREDIENTS

■ 上层

酸奶…适量

■ 下层

柿子…100克
胡萝卜…50克
冰块…100克
酸奶…1大勺
蜂蜜…适量

■ 装饰

柿子…适量

HOW TO

把装饰用的柿子切成薄片，贴在玻璃杯内壁上。将制作下层思慕雪的食材用料理机搅打均匀，注入玻璃杯中，再倒入酸奶。

柿子和胡萝卜都是鲜艳的橙色。这款思慕雪以胡萝卜为主要食材，不喜欢吃胡萝卜的朋友可以适当减少用量。

牛油果苹果思慕雪

INGREDIENTS

牛油果…50克
苹果…30克
蜂蜜…1大勺
牛奶…100毫升
冰块…100克

■ 装饰
苹果…适量

HOW TO

将制作思慕雪的食材放入料理机搅打均匀，注入玻璃杯中，表面装饰上切成小块的苹果。

一道冰爽浓厚的甜点风味的思慕雪。融入了苹果的香气和甜美，让人唇齿留香。

巴西莓麦片思慕雪

INGREDIENTS

香蕉…100克
混合莓果(冷冻)…50克
豆浆…50毫升
巴西莓粉…1大勺

■ **装饰**

树莓、格兰诺拉麦片、核桃仁、枫糖浆…适量

HOW TO

1. 将制作思慕雪的食材放入料理机搅打均匀，在玻璃杯中倒入1/2。树莓对半切开，贴在玻璃杯内壁上。
2. 把剩余的思慕雪倒入玻璃杯中，重复上面的做法，将切好的树莓贴在玻璃杯内壁上。加入格兰诺拉麦片、核桃仁、树莓，淋上枫糖浆。

核桃仁富含 Ω-3 脂肪酸，有预防肥胖和美容的效果。加一些口感更丰富。

树莓酸奶思慕雪

INGREDIENTS

■ **上层**
树莓(冷冻)…70克
香蕉…30克
牛奶…50毫升
冰块…100克　蜂蜜…适量

■ **下层**
酸奶…适量

■ **装饰**
打发的鲜奶油、树莓…适量

HOW TO

把酸奶注入玻璃杯中。将制作上层思慕雪的食材放入料理机搅打均匀，注入玻璃杯中。用吸管轻轻搅动，晕染出大理石状的花纹，最后装饰上鲜奶油和树莓。

这道思慕雪突出了树莓本身的酸甜味道。鲜奶油有效地中和了树莓的酸味，使整体味道更加柔和。

柿子 & 苹果 & 柠檬思慕雪

INGREDIENTS

柿子(冷冻)…100克
苹果(冷冻)…100克
水…100毫升
鲜榨柠檬汁…1～2小勺
蜂蜜…适量

■ 装饰

柠檬…适量

HOW TO

把装饰用的柠檬切成薄片，贴在玻璃杯内壁上，贴的时候可以让柠檬片稍稍高出杯口。将制作思慕雪的食材放入料理机搅打均匀，注入玻璃杯中。

由于加入了柿子，口感黏稠润滑，让人欲罢不能。另外，这道思慕雪含有丰富的维生素 C，有益健康。

紫葡萄思慕雪

INGREDIENTS

■ 上层

酸奶…适量

■ 下层

葡萄（冷冻）…100克

冰块…100克

酸奶…50克

■ 装饰

葡萄…适量

HOW TO

把装饰用的葡萄切成薄片，贴在玻璃杯内壁上，将制作下层思慕雪的食材放入料理机搅打均匀，注入玻璃杯中，最后倒入酸奶即可。

我用的是产自日本长野县的紫葡萄，其特点是没有葡萄籽，可以连同葡萄皮一起食用，用来做思慕雪再适合不过了。

洋梨草莓思慕雪

INGREDIENTS

■ 上层

草莓(冷冻)…100克

炼乳…适量

酸奶…30克

■ 下层

法国洋梨(冷冻)…100克

水…50毫升

冰块…50克

酸奶…30克

蜂蜜…适量

HOW TO

将制作各层思慕雪的食材分别放入料理机搅打均匀，然后按照由下至上的顺序逐层注入玻璃杯中。

这道思慕雪选用了果香浓郁的法国洋梨，它和各类水果搭配都很和谐，做成思慕雪口感爽滑。制作上层思慕雪时，可以等冷冻的草莓稍稍软化后用手动搅拌器大致打碎，保留果肉的口感。

甜椒蔓越莓思慕雪

INGREDIENTS

■ 白色层

酸奶…适量

■ 黄色层

橘子(冷冻)…50克
甜椒(冷冻)…30克
菠萝(冷冻)…50克
冰块…50克　水…50毫升
酸奶…30克　蜂蜜…适量

■ 红色层

蜂蜜…适量
取1/2黄色层思慕雪，加入蔓越莓(冷冻)…30克

■ 装饰

香橼…适量

HOW TO

将制作黄色层思慕雪的食材放入料理机搅打均匀。取1/2加入蔓越莓、蜂蜜，用料理机搅打均匀，然后按照红色、黄色、白色的顺序逐层注入玻璃杯中，表面装饰上香橼。

法国洋梨葡萄柚思慕雪（香橼风味）

INGREDIENTS

法国洋梨(冷冻)…100克
葡萄柚(冷冻)…50克
冰块…100克
酸奶…50克
蜂蜜…适量
香橼(榨汁)…1/2个

■ 装饰

葡萄柚果冻、香橼…适量

HOW TO

将制作思慕雪的食材放入料理机搅打均匀，注入玻璃杯中，表面装饰上葡萄柚果冻和香橼即可。

葡萄柚果冻自己做或是买市面上的成品都可以，没有的话也可用葡萄柚果肉代替。

蔓越莓 & 胡萝卜 & 香蕉思慕雪

INGREDIENTS

蔓越莓（冷冻）…30克
胡萝卜…30克
香蕉…70克
草莓（冷冻）…30克
水…100毫升
酸奶…40克
蜂蜜…适量

■ 装饰

香蕉、红醋栗…适量

HOW TO

把装饰用的香蕉切成薄片，用饼干切模切成花朵造型，贴在玻璃杯内壁上。将制作思慕雪的食材放入料理机搅打均匀，注入玻璃杯中，装饰上红醋栗即可。

蔓越莓的酸味和香蕉的甘甜相互融合，一道口感润滑的思慕雪。几乎感觉不到胡萝卜的味道。

WINTER

一想到冬天的思慕雪，
心中就不由自主地雀跃不已。
是因为冬天有好多节日吗？的确有这个原因。
在寒冷的季节，更想做热的思慕雪和甜品风格的思慕雪，
此时，正是尝试与以往不同的思慕雪的好机会，
或许欢喜的心情也缘由于此。

冰雪女王思慕雪

INGREDIENTS

葡萄柚(冷冻)…50克
梨(冷冻)…100克
酸奶…70克
香蕉(冷冻)…30克
冰块…70克

■ **装饰**

蓝柑桂酒、彩珠糖(蓝色)、蜂蜜、梨、椰蓉、白巧克力笔…适量

HOW TO

1. 在玻璃杯的杯沿上抹一圈蜂蜜，粘上彩珠糖。杯中倒入少许蓝柑桂酒。
2. 将制作思慕雪的食材放入料理机搅打均匀，注入玻璃杯中，加上各种装饰物。

我试着用白巧克力笔画出雪花造型的小装饰，看上去很可爱，没有也没关系。

玫瑰苹果思慕雪

INGREDIENTS

苹果(冷冻)…150克
酸奶…50克
牛奶或豆浆…100毫升

■ 装饰

苹果(切成薄片后放入微波炉中加热至变软)…适量

HOW TO

将制作思慕雪的食材放入料理机搅打均匀，注入玻璃杯中。把装饰用的苹果片卷成玫瑰花状，装饰在表面。

在制作过程，如果思慕雪软化，请放入冰箱冷冻室静置片刻，调整一下浓稠度。这道思慕雪近似雪泥，有一种别样的美味。

白巧克力混合莓果椰奶思慕雪

INGREDIENTS

树莓(冷冻)…50克
黑莓(冷冻)…20克
香蕉(冷冻)…70克
椰奶…50毫升
牛奶…70毫升
冰块…50克
融化的白巧克力…2小勺

■ **装饰**

白巧克力笔、蜂蜜、彩珠糖、鲜奶油、树莓…适量

HOW TO

用白巧克力笔在玻璃杯内壁上画出网格状，随后在杯沿上抹一圈蜂蜜，粘上彩珠糖。将制作思慕雪的食材放入料理机搅打均匀，注入玻璃杯中，用鲜奶油和树莓装饰一下。

含有椰奶、莓果的思慕雪中融入了白巧克力的香味。由于温度的关系，白巧克力会凝固在杯壁上，可以用小勺刮下来，混合着思慕雪一起喝掉。

红色水果思慕雪

INGREDIENTS

树莓(冷冻)…20克
蔓越莓(冷冻)…20克
草莓…20克
苹果…100克
冰块…100克

■ 装饰

草莓…适量

HOW TO

把装饰用的草莓切成薄片，贴在玻璃杯内壁上。将制作思慕雪的食材放入料理机搅打均匀，注入玻璃杯中。

一道时尚漂亮的红色思慕雪。蔓越莓一般会有少许苦涩味，与其他食材混合后就基本感觉不到了。

蓝莓 & 苹果 & 洋梨思慕雪

INGREDIENTS

■ 白色层

苹果(冷冻)…70克
法国洋梨(冷冻)…70克
酸奶…30克　冰块…30克
水…50毫升

■ 紫色层

蓝莓(冷冻)…50克
蜂蜜…适量　水…少许

■ 装饰

酸奶、蓝莓…适量

HOW TO

将制作思慕雪的食材放入料理机搅打均匀，按照先紫色层再白色层的顺序注入玻璃杯中。用吸管轻轻搅拌出大理石状花纹，最后将酸奶和蓝莓装饰在表面。

深紫色的纹理给人一种成熟的感觉。泡完澡、略有些燥热时，这样一杯水果风味的思慕雪无疑是最佳选择。

蔓越莓苹果思慕雪

INGREDIENTS

蔓越莓(冷冻)…30克
香蕉(冷冻)…70克
苹果…70克
水…50毫升
冰块…30克
酸奶…100克

■ 装饰

苹果…适量

HOW TO

将制作思慕雪的食材放入料理机搅打均匀，注入玻璃杯中，再装饰上苹果片。

粉色的思慕雪中带有点点殷红的苹果皮。苹果可以预先去皮，我特意保留了苹果皮，营造出一种与以往不同的感觉。

巧克力香蕉思慕雪

INGREDIENTS

香蕉(冷冻)…70克
牛奶…100毫升
冰块…50克
巧克力榛子酱…1大勺

■ 装饰

香蕉、格兰诺拉麦片、打发的鲜奶油、杏仁片…适量

HOW TO

把装饰用的香蕉切成薄片，贴在玻璃杯内壁上。将制作思慕雪的食材放入料理机搅打均匀，注入玻璃杯中，表面装饰上格兰诺拉麦片、鲜奶油和杏仁片即可。

巧克力榛子酱抹面包无疑是经典搭配，它也同样适用于思慕雪，融合了坚果的口感和多层次的风味，搭配香蕉可谓相得益彰。

菌菇热思慕雪

INGREDIENTS

口蘑…50克
灰树花菇…50克
洋葱…30克　土豆…30克
牛奶…150毫升
浓缩高汤块…1/2～1块
盐、黑胡椒…适量

■装饰

炒过的灰树花菇、菜花芽、亚麻籽油、牛奶（打发至起泡）…适量

HOW TO

1. 将口蘑、灰树花菇、洋葱、土豆用平底锅翻炒一下，加入少量水（另备）小火煮软。水分快蒸发完时加入牛奶和浓缩高汤块煮开。
2. 把煮好的食材放入料理机搅打均匀，用盐和黑胡椒调味，注入玻璃杯中，加上装饰用的食材。

这道思慕雪充满了菌菇特有的鲜味。每到冬天，就想喝一杯暖暖的思慕雪。

圣诞色彩树莓苹果绿色思慕雪

INGREDIENTS

嫩菠菜叶…20克
香蕉(冷冻)…100克
苹果…30克
牛油果(冷冻)…20克
牛奶或豆奶…70毫升
冰…70克

■ 装饰

蜂蜜、椰蓉、草莓、树莓、椰子片…适量

HOW TO

把装饰用的草莓切成薄片，贴在玻璃杯内壁上。在杯沿上抹一圈蜂蜜，粘上椰蓉。将制作思慕雪的食材放入料理机搅打均匀，注入玻璃杯中，装饰上树莓和椰子片。

圣诞色彩的思慕雪。这道绿色的思慕雪与平时常做的思慕雪相比略有些苦味，推荐大家冰镇后饮用。

芒果 & 香蕉 & 树莓思慕雪

INGREDIENTS

芒果(冷冻)…50克
香蕉(冷冻)…100克
酸奶…50克
豆浆或牛奶…100毫升
椰子油…适量

■ 装饰

莓果酱、树莓…适量

HOW TO

用莓果酱在玻璃杯内壁上画出自己喜欢的图案。将制作思慕雪的食材放入料理机搅打均匀，注入玻璃杯中，表面点缀几颗树莓。

入冬以后，有时很想喝这种浓厚香甜的思慕雪。树莓的酸味衬托出了整体的香甜。

莓果洋梨双色思慕雪

INGREDIENTS

■ 上层

树莓…30克
洋梨（冷冻）…50克
冰块…50克
酸奶…30克
蜂蜜…适量

■ 下层

黑莓（冷冻）…30克
洋梨（冷冻）…50克
冰块…50克
酸奶…30克
蜂蜜…适量

■ 装饰

椰蓉、椰子片、树莓、黑莓、蜂蜜…适量

HOW TO

在玻璃杯的杯沿上抹一圈蜂蜜，粘上椰蓉。将制作思慕雪的食材放入料理机搅打均匀，按顺序逐层注入杯中，表面加上各种装饰即可。

洋梨香蕉草莓蛋糕风味思慕雪

INGREDIENTS

洋梨(冷冻)…100克
香蕉(冷冻)…50克
酸奶…50克
冰块…50克
水…50毫升

■ **装饰**

草莓、薄荷叶…适量

HOW TO

把装饰用的草莓切成薄片，贴在玻璃杯内壁上。将制作思慕雪的食材放入料理机搅打均匀，注入玻璃杯中，表面装饰上草莓片和薄荷叶。

这道思慕雪是以经典的圣诞节草莓蛋糕为灵感做的。

草莓香蕉热思慕雪

INGREDIENTS

■ 上层

牛奶…200毫升

■ 下层

草莓…50克
香蕉…50克

■ 装饰

草莓…适量

HOW TO

把装饰用的草莓切成薄片，贴在玻璃杯内壁上。把制作下层思慕雪的食材放入料理机搅打均匀，注入玻璃杯中。最后将牛奶加热一下，用打泡器打出奶泡倒入杯中即可。

加入温热的牛奶，口感香甜柔和。用汤勺轻轻搅拌，待蓬松绵密的奶泡与果昔混合后饮用。

金橘 & 柿子 & 苹果思慕雪

INGREDIENTS

柿子(冷冻)…50克
苹果(冷冻)…100克
甜煮金橘…30克
水…150毫升

■ 装饰

金橘、酸奶、苹果…适量

HOW TO

把装饰用的金橘切成薄片，贴在玻璃杯内壁上。将制作思慕雪的食材放入料理机搅打均匀，注入玻璃杯中，最后倒入酸奶，装饰上切片的苹果。

金橘带皮吃能够补充维生素，在冬天有助于增强身体抵抗力。金橘生吃略有些苦，如果不喜欢苦味，装饰用的金橘也可以选用甜煮金橘。

柚子牛奶思慕雪

INGREDIENTS

柚子酱或蜂蜜柚子茶…1大勺

牛奶冰块（将牛奶倒入制冰格中冻成的冰块）…250克

水…50毫升

■ **装饰**

薄荷叶、柚子酱或蜂蜜柚子茶…适量

HOW TO

将制作思慕雪的食材放入料理机搅打均匀，注入玻璃杯中，再装饰上薄荷叶和柚子酱即可。

柚子酱是用柚子皮加砂糖熬煮而成的。想轻松省事一些的话，可以用蜂蜜柚子茶代替柚子酱。

紫甘蓝热思慕雪

INGREDIENTS

紫甘蓝…50克
土豆…50克
洋葱…50克
牛奶…150毫升
浓缩高汤块…1/2～1块

■ 装饰

紫甘蓝（切丝后加适量柠檬汁，放入微波炉中加热，用盐和胡椒粉调味）、莳萝、亚麻籽油…适量

HOW TO

1. 紫甘蓝、土豆、洋葱切丝，放入平底锅中炒至变软，加入少量水（另备）和浓缩高汤块烹煮。
2. 锅中水分快蒸发完时加入牛奶，煮热后关火。晾至不烫手后用料理机搅打均匀，注入玻璃杯中，表面装饰上紫甘蓝、莳萝，淋少许亚麻籽油。

觉得味道淡，可以加点盐和胡椒粉。在紫甘蓝中淋点柠檬汁，颜色会更明艳。

焦糖咖啡思慕雪

INGREDIENTS

牛奶…100毫升
冰块…150克
香草冰激凌…50克
焦糖酱…适量
咖啡…1小勺

■ 装饰

彩珠糖、蜂蜜、打发的鲜奶油、焦糖酱…适量

HOW TO

在玻璃杯的杯沿上抹一圈蜂蜜，粘上彩珠糖。将制作思慕雪的食材放入料理机搅打均匀，注入玻璃杯中，表面装饰上鲜奶油、淋上焦糖酱即可。

一道适合放松休息时品尝的思慕雪。杯口的彩珠糖为这道思慕雪平添了几分华丽感。可以根据自己的口味加一些焦糖酱调整甜度。

罗汉橙橘子思慕雪

INGREDIENTS

橘子(半冷冻)…100克
苹果(冷冻)…100克
冰块…100克
鲜榨罗汉橙汁…1~2小勺

■ **装饰**

酸奶、石榴、罗汉橙、薄荷叶…适量

HOW TO

将制作思慕雪的食材放入料理机搅打均匀，注入玻璃杯中。加入酸奶，点缀上各种装饰食材。

饮用时可以吃到一粒粒的石榴果实，口感很特别。罗汉橙的香气充满口腔，回味无穷。

葡萄火龙果酸奶思慕雪

INGREDIENTS

■ 紫色层

紫葡萄(冷冻)…50克
香蕉…50克
红色火龙果(冷冻)…15克
酸奶…100克
冰块…100克
鲜榨柠檬汁…1小勺
蜂蜜…适量

■ 白色层

酸奶…适量

■ 装饰

葡萄、柠檬…适量

HOW TO

将制作紫色层思慕雪的食材放入料理机搅打均匀，与酸奶交替倒入玻璃杯中，最后点缀上几颗葡萄和切片柠檬。

我用的司特本葡萄（Steuben）含糖量比较高。不喜欢葡萄籽的话，请在冷冻前去籽。

菠萝 & 橘子 & 蓝莓思慕雪

INGREDIENTS

■ 上层

菠萝(冷冻)…50克
橘子(冷冻)…30克
酸奶…2大勺　蜂蜜…适量
豆浆…50毫升

■ 下层

菠萝(冷冻)…50克
蓝莓(冷冻)…30克
酸奶…2大勺　蜂蜜…适量
豆浆…50毫升

■ 装饰

猕猴桃…适量

HOW TO

猕猴桃切片，贴在玻璃杯内壁上。将制作各层思慕雪的食材分别放入料理机搅打均匀，然后逐层注入玻璃杯中。

这道思慕雪清爽甜美。也可以选用新鲜橘子制作。橘子去皮后以 2 ～ 3 瓣为一组掰开，冷冻保存，用的时候更方便。

阳桃 & 草莓 & 苹果思慕雪

INGREDIENTS

阳桃…30克
草莓(冷冻)…100克
苹果(冷冻)…30克
香蕉(冷冻)…50克
冰块…150克
蜂蜜…适量

■ **装饰**

阳桃、薄荷叶…适量

HOW TO

把装饰用的阳桃切成薄片，贴在玻璃杯内壁上。将制作思慕雪的食材放入料理机搅打均匀，注入玻璃杯中，装饰上切片的阳桃和薄荷叶即可。

阳桃味道清淡而又多汁，富有热带水果特有的香气。青阳桃建议放置几天，自然成熟后再食用。

苹果焦糖思慕雪

INGREDIENTS

苹果(冷冻)…150克
豆浆…100毫升
冰块…50克

■ **装饰**

焦糖酱、肉桂粉、肉桂棒、
打发的鲜奶油…适量

HOW TO

在玻璃杯内壁上抹适量焦糖酱。将制作思慕雪的食材放入料理机搅打均匀，注入玻璃杯中，表面装饰上鲜奶油和肉桂棒，撒上肉桂粉即可。

在思慕雪中加入焦糖酱，更多了几分类似甜点的感觉。肉桂的辛香搭配甘甜的味道使人眼前一亮。

金橘青柠檬热思慕雪

INGREDIENTS

甜煮金橘…适量
生姜…少许
青柠檬…适量
苹果汁…300毫升

HOW TO

将甜煮金橘、生姜、切成薄片的青柠檬放入玻璃杯中。加热苹果汁，注入杯中。

甜煮金橘是用砂糖和水慢火煮制而成的。思慕雪中加入少许生姜有一点微辣，更适合成年人的口味。

情人节思慕雪

INGREDIENTS

■ 上层

草莓（冷冻）…30克

牛奶…50毫升

冰块…50克

龙舌兰糖浆…适量

■ 下层

香蕉（冷冻）…50克

牛奶…50毫升

冰块…50克

可可粉…1小勺

■ 装饰

草莓、香蕉、可可粉…适量

HOW TO

把装饰用的草莓切成薄片，贴在玻璃杯内壁上。将制作各层思慕雪的食材分别放入料理机搅打均匀，按照由下至上的顺序逐层注入玻璃杯中。表面装饰一些香蕉片，撒上可可粉。

奶香绿色思慕雪

INGREDIENTS

香蕉(冷冻)…100克
豆浆…180毫升
菠菜…20～40克
椰子油…适量
酸奶…1大勺

■ 装饰

香蕉、蜂蜜、椰蓉…适量

HOW TO

1. 在玻璃杯的杯沿上抹一圈蜂蜜，粘上椰蓉。把装饰用的香蕉切片，摆成一圈，用饼干切模切出一个心形，贴在玻璃杯内壁上。
2. 将制作思慕雪的食材放入料理机搅打均匀，注入玻璃杯中，杯口装饰一片香蕉。

这道绿色思慕雪香甜美味，加入少许椰子油，清香四溢。

TECHNIQUE 1 层次造型

做出清晰层次的诀窍就在于让各层思慕雪保持一定的浓稠度。最下层作为基础层，浓稠度越高越好，通常会尽可能多地选用冷冻食材、多加些冰块或者放入冰箱冷冻一下调整浓稠度。香蕉、猕猴桃等比较黏稠的食材适合放在下层。另外，含糖较多的食材容易下沉，所以下层思慕雪相对更甜一些，这也是要点之一。综合这些技巧，就能使各层思慕雪更加稳定。

1. 将制作各层思慕雪的食材分别放入料理机搅打均匀，由最下层起逐层注入玻璃杯中。
2. 加入中层思慕雪时要沿着杯子边缘慢慢注入。
3. 注入上层思慕雪时最好用汤勺辅助一下，轻轻铺满，这样不同层次就不容易混合了。

POINT

可以先将下层思慕雪注入玻璃杯中，放入冰箱冷冻至表面出现薄冰，再制作中层思慕雪，这样层次和颜色对比会更加鲜明。

■ 斜面造型

倾斜玻璃杯，注入思慕雪，在这个过程中一定要拿稳杯子保持不动。加入上层思慕雪时要从杯沿慢慢倒至八分满，然后边倒边将杯子立起，注意把握整体的平衡。

TECHNIQUE 2 自然纹理

对于刚开始尝试的朋友来说，纹理晕染比分层造型更容易一些。关键在于，其中一种思慕雪或两种思慕雪应该非常浓稠。如果像流动性强的液体一样，那么两种思慕雪马上就会混合在一起。除了双色思慕雪，也可以加入酸奶、各种果酱，尝试用 3 种颜色的食材自由搭配，享受创造的乐趣。

将制作不同颜色的思慕雪的食材分别用料理机搅打均匀，由下至上逐层注入玻璃杯中。

注入上层思慕雪时随意一些更容易出现自然纹理。若未达到期待效果，可以用汤勺搅拌一下。

边搅拌边饮用，颜色和味道都在不断变化，乐趣无穷。

TECHNIQUE 3 装饰水果

把水果切成薄片，贴在玻璃杯内壁上即可。不过，即使选用相同的水果，位置和排列方式不同，给人的印象也不尽相同。我通常会将水果排列在玻璃杯正中间，分隔上下两层思慕雪。

准备 挑选内壁平滑的玻璃杯，仔细擦去杯中的水渍。

1. 把装饰用的食材切成薄片，水果切面要尽量贴紧玻璃杯内壁。对于水分较多的食材，可以先用厨房纸轻轻吸去切面上的水分，这样比较容易贴在杯壁上。
2. 注入下层思慕雪。
3. 加入上层思慕雪时，请注意沿杯壁慢慢注入。表面装饰要一点一点加，建议用汤勺辅助。

POINT

草莓或香蕉等水果切成薄片后切面平整，比较容易组合成花朵或水滴造型，可以根据自己的喜好自由设计。另外，灵活利用水果本身可爱的造型，也不失为一种乐趣。

POINT

如果装饰水果的同时还想做杯口雪霜造型，
建议先将水果贴在玻璃杯内壁上再做雪霜。

■ 运用饼干切模

用做饼干的模具将水果切成各种造型，贴在玻璃杯内壁上，就能做出有花朵、心形图案的精致思慕雪。

请尝试用自己喜欢的各种模具来创作吧！

TECHNIQUE 4 各类酱料装饰

用酱料做装饰不仅外观时髦，风味也更富于变化。选用焦糖酱、巧克力酱等深色酱料会使成品显得更加成熟。

1 在玻璃杯内壁上抹适量焦糖酱。

2 注入思慕雪。

■ 用巧克力笔做装饰

用巧克力笔代替酱料，可以在玻璃杯中画出更加细致的图案。注入思慕雪后巧克力会因为温度降低而凝固。因此，相对于味觉上的变化而言，更多的是在享受装饰的乐趣。

TECHNIQUE 5 雪霜造型

雪霜造型是一种放在杯口的装饰。我是从鸡尾酒常用的雪霜造型中得到的启发。如果装饰杯口的同时还要装饰玻璃杯内部，请先完成内部装饰，注入思慕雪前再装饰杯口，这样效果更好。

1

在玻璃杯的杯口抹上蜂蜜之类的食材。

2

将彩珠糖或做甜点用的干制莓果粒、椰蓉等倒在盘中，粘在杯口上。

3

清理一下，刷掉多余的装饰物。

4

注入思慕雪时要慢一点，也可以用汤勺辅助，避免碰到杯口的装饰。

TECHNIQUE 6 热思慕雪

冬天的早上总想喝点热乎的饮料，于是就有了热思慕雪。苹果、草莓、橘子、柿子、香蕉等用微波炉稍微加热一下再放入料理机中搅打均匀，然后搭配热牛奶或热水，大家可以尝试各种组合。把蔬菜炒一下再用料理机打匀，加上打出丰富奶泡的牛奶，就是浓汤风味的思慕雪。

TECHNIQUE 7 其他尝试

■ 可以“吃”的思慕雪

在思慕雪中加入格兰诺拉麦片或谷物脆片，就成了可以“吃”的思慕雪。搭配水果瞬间变身时下流行的果昔碗，能大大提升满足感。

■ 超级食材思慕雪

奇亚籽、马基莓粉、巴西莓、红色火龙果、石榴等具有美容和健康的功效。在装饰和配色上我会尽量多选用这些“超级食材”，尝试各种搭配组合。

■ 甜品思慕雪

作为对自己的犒赏，休息放松时我常常想做一杯甜品思慕雪。在每天制作思慕雪的过程中，不断尝试各种风味也是我能坚持下来的重要原因。在思慕雪表面装饰上打发的鲜奶油或冰激凌，造型会变得更加可爱。我也会参考自己喜欢的圣代或蛋糕进行新的尝试。

MAI'S KITCHEN 我的厨房

FRUITS & VEGETABLES 水果和蔬菜

只要想到家中常备的各种瓜果蔬菜，就觉得每天的生活丰富多彩。如果能常备几种基本食材，制作起来就更方便了。应季新鲜食材上市时，我有时会直接选用新鲜食材，品尝大自然的馈赠；有时会将它们冷冻保存，之后再享用，回味当时的风味。

常备食材

猕猴桃	草莓
菠萝	苹果
橘子	树莓
香蕉	菠菜

GOODS 工具

1. BRAUN 多功能手持搅拌器 MQ500
2. TESCOM 料理机 TM840
3. 木砧板
4. 木勺
5. 白色比萨盘
6. 玻璃杯（约 300 毫升，ZARA HOME）
   我对这款玻璃杯可以说是一见钟情，它很有质感，杯身的曲线流畅圆滑，更重要的是，装饰用的食材很容易贴在内壁上。
7. 吸管
   吸管大多来自网购，看上去都很可爱，于是不由自主地开始收集起来。

FROZEN STORAGE 冷冻保存

将食材冷冻不仅方便保存，同时也是让思慕雪呈现出独特口感必不可少的一步。即使是同一种水果，用冷冻的和新鲜的做出来的思慕雪味道也不尽相同。在试错中不断摸索，也不失为一种乐趣。

有些水果需要先去皮，然后切成大小适当的块。需要注意的是，块太大的话料理机可能不方便处理。

用厨房纸轻轻吸去水果切面的水分。

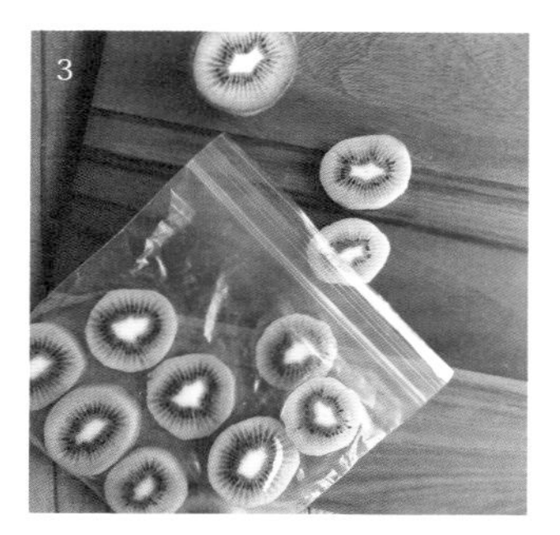

将水果放入密封袋中冷冻保存，尽可能排出密封袋中的空气。水果不要叠放，否则会冻在一起，不方便取用，最好留出一点空隙。

2～3小时即可冷冻到位，密封状态下可以冷冻保存1个月。

POINT

处理香蕉和苹果等容易氧化变色的水果时，可以在上述第1步和第2步之间淋少许柠檬汁，静置几分钟后再用厨房纸拭干，这样可以防止变色。
橘子和橙子带皮用料理机搅打均匀后几乎尝不出苦味，可以连皮切片冷冻保存。

POINT

准备一次冷冻大量食材时，请将食材摆放在平坦的托盘上，食材之间留出空隙，盖上保鲜膜后放入冰箱冷冻。冷冻完成后再装入保鲜袋保存。

后 记

感谢您在众多书籍中选择了这本，书中收集了我在Instagram上以日记形式分享的各种思慕雪的做法。

刚开始，我只是想记录下每天做思慕雪带来的乐趣。

随着时间的推移，我开始收到大家的点赞和一些留言。能得到大家的回应让我雀跃不已，这也成了我每天坚持更新的动力。

如今，每天更新思慕雪配方已不只是为了记录制作过程，更多的是希望与Instagram上的朋友们分享我的心情，得到大家的认同。

这次有幸能以书籍的形式呈现我做的思慕雪，想借此和Instagram上的读者，以及还不认识的朋友分享我的感受。我们在不断地尝试中完成了这本书的制作。

我想，如果这本书能让大家感到些许愉悦或放松，它就物有所值了。

今后我还会继续分享新的思慕雪，这是我个人的小兴趣，希望它也能为你带来一丝期待。

最后要感谢出版这本书的光文社，编辑北川老师，设计师德吉老师、森老师和田岛老师，在此我要真挚地说一声，谢谢大家！

封面的思慕雪

草莓 & 树莓 & 苹果思慕雪

INGREDIENTS

■ 上层

酸奶…适量

■ 下层

草莓…20克
树莓(冷冻)…20克
苹果…100克
冰块…100克
蜂蜜…适量

■ 装饰

草莓、薄荷叶、树莓…适量

HOW TO

1. 把装饰用的草莓切成薄片，贴在玻璃杯内壁上。将制作下层思慕雪的食材放入料理机搅打均匀，注入玻璃杯中。
2. 加入酸奶，点缀上树莓和薄荷叶即可。

好像雪泥一样冰爽的思慕雪。选用优质草莓，瞬间变得华丽时尚。

图书在版编目（CIP）数据

每天一杯思慕雪 /（日）北村真衣著；小司译. ——
海口：南海出版公司，2017.10
ISBN 978-7-5442-9123-1

Ⅰ. ①每… Ⅱ. ①北… ②小… Ⅲ. ①蔬菜－饮料－
制作②果汁饮料－制作 Ⅳ. ①TS275.5

中国版本图书馆CIP数据核字（2017）第203683号

著作权合同登记号 图字：30-2017-047

每天一杯思慕雪
〔日〕北村真衣 著
小司 译

出　　版　南海出版公司　（0898）66568511
　　　　　海口市海秀中路51号星华大厦五楼　邮编 570206
发　　行　新经典发行有限公司
　　　　　电话（010）68423599　邮箱 editor@readinglife.com
经　　销　新华书店

责任编辑　秦　薇
装帧设计　李照祥
内文制作　博远文化

印　　刷　北京彩和坊印刷有限公司
开　　本　720毫米×980毫米　1/32
印　　张　4
字　　数　40千
版　　次　2017年10月第1版
　　　　　2017年10月第1次印刷
书　　号　ISBN 978-7-5442-9123-1
定　　价　36.00元